Frank Mannewitz

Statistische Toleranzberechnung

Dr.-Ing. Frank Mannewitz

Statistische Toleranzberechnung

Leitfaden
zur systematischen Anwendung

Mit 9 Bildern und 11 Tabellen

Haus der Technik Fachbuch Band 141

Herausgeber:
Prof. Dr. Werner Klaffke · Essen

Bibliografische Information Der Deutschen Bibliothek

Die Deutsche Bibliothek verzeichnet diese Publikation
in der Deutschen Nationalbibliografie;
detaillierte bibliografische Daten sind im Internet über
http://www.dnb.de abrufbar.

Bibliographic Information published by Die Deutsche Bibliothek

Die Deutsche Bibliothek lists this publication
in the Deutsche Nationalbibliografie;
detailed bibliographic data are available on the internet at
http://www.dnb.de

ISBN 978-3-8169-3344-1

Haus der Technik Fachbuch

Herausgeber der Reihe
Prof. Dr. Werner Klaffke
Geschäftsführendes Vorstandsmitglied des Hauses der Technik e.V.

Die Konkurrenzfähigkeit einer rohstoffarmen Volkswirtschaft hängt ganz wesentlich vom Faktor „Wissen" ab. Verbunden mit kreativem Gestaltungswillen wird aus Wissen Kompetenz.

Kompetenzvermittlung ist der zentrale Aspekt des Hauses der Technik, die weit über 80 Jahre schon praxisorientiert und disziplinenüberschreitend durch Tagungen, Symposien, Seminare und Workshops qualitativ hochstehend dargestellt wird. Damit arbeiten wir an den Grundlagen für neue Produkte und Dienstleistungen, deren Vermarktung zu Innovationen und damit zu Wertschöpfung führen. Mehr als 70% der erfolgreichen Innovationen, ob inkrementell oder radikal, entstehen aus der Verknüpfung häufig bereits bekannter Elemente, weshalb es geradezu essentiell ist, akademische Schubladen zu verlassen und die Elemente der Kompetenzen intelligent und bedarfsorientiert zu kombinieren.

Das geschieht in branchenübergreifenden Innovationsnetzwerken und Technologieclustern, die sich in neuen Wertschöpfungsketten zusammenfinden. Neue Elemente der Netzwerkbildung belebt durch die zunehmende Digitalisierung der Arbeitswelt gesellen sich zu den traditionellen Informationsquellen, zu denen auch die vorliegende Publikation gehört.

Die bewährten *Haus der Technik Fachbücher* befassen sich mit den wichtigen Themen der Technik, der Wirtschaft und angrenzender Gebiete, wie Medizintechnik, Biotechnik und neue Medien. Das Beste, das oft mühsam und mit viel Aufwand von den Veranstaltungsreferenten zusammengetragen wurde, wird damit einem größeren Fachpublikum zugänglich gemacht. Die *Haus der Technik Fachbücher* dienen den Teilnehmern als nützliches Nachschlagewerk und anderen Interessenten beim Selbststudium zu beruflichem Nutzen und Erfolg.

Vorwort

In den letzten zwei Jahrzehnten hat im Maschinen- und Fahrzeugbau die Berechnung von Toleranzauswirkungen stetig an Bedeutung gewonnen.

Insbesondere in der Automobil- und Zuliefererindustrie hat man erkannt, dass neben den bereits etablierten Methoden, wie der Finite-Elemente-Methode (FEM), dem Digital Mock-Up (DMU) und anderen Simulationsverfahren, die Toleranzberechnung an funktions- und kundenrelevanten Kriterien während des Produktentstehungsprozesses von entscheidender Bedeutung im heutigen Wettbewerb sein kann.

Dies drückt sich auch durch die Forderung innerhalb der VDA6, QS9000 sowie TS16949 aus, welche u.a. verstärkt den Fokus auf statistische Methoden richten.

Basierend auf einer Maßkettenstruktur, welche die geometrische Interpretation des Zusammenbaus repräsentiert, sowie der Zuordnung der jeweiligen Fertigungstoleranzen kann eine Aussage hinsichtlich des zu erfüllenden Funktionsmaßes (Schließmaßes) einer Baugruppe in der Worst-Case-Betrachtung getroffen werden.

Von diesem Informationsstand ausgehend, kann dann unter einer weiteren Zuordnung der Fertigungsqualitäten der einzelnen Maßkettenglieder in Form der Fertigungsverteilung und der Prozessfähigkeitsindizes eine statistische Analyse durchgeführt werden. Dieses Ergebnis liefert eine realitäts- und praxisnahe Aussage über die Anzahl der prozesssicher eingehaltenen funktions- bzw. kundenrelevanten Kriterien der Baugruppe.

Es ist immer wieder festzustellen, dass zahlreiche Entwickler und Konstrukteure ihre konstruierten Baugruppen hinsichtlich der Baugruppenfunktionen mithilfe von CAD-Systemen validieren, in dem sie die Einzelteile in ihren Extremabmessungen, Form- und Lageabweichungen abbilden.

Ganz schwierig wird es, wenn das ermittelte Ergebnis für die Baugruppenfunktion – in der Regel als Qualitätsmerkmal bezeichnet – nicht der Forderung des Entwicklers bzw. des Konstrukteurs oder dem Lastenheft entspricht.

Dem versucht man durch die Einengung der Einzeltoleranzen gerecht zu werden. Dieses führt dann unweigerlich zu einer unnötigen Verteuerung der Baugruppe. In den letzten zwei Jahrzehnten hat sich daher vermehrt der alternative Berechnungsansatz der statistischen Toleranzanalyse durchgesetzt, der dem Einengen der Einzeltoleranzen entgegenwirken soll.

Parallel dazu hat die Firma casim, eines der führenden Ingenieurunternehmen in Nordhessen, ihre Aktivitäten in diesem Bereich immer weiter ausgebaut, sodass heute umfangreiche Dienstleistungen und Weiterbildungsmöglichkeiten der Firma in diesem Bereich angeboten werden.

Seit ihrer Gründung ist die Firma casim strategischer Partner in den Bereichen Entwicklung, Planung und Qualitätsförderung mit Kunden in ganz Deutschland und Europa. Ausgehend von den drei Standorten Kassel, Ingolstadt und Graz werden in den Bereichen Maschinen- und Fahrzeugbau entwicklungsnahe Dienstleistungen in Form von Berechnungen, Simulationen und Beratungen erbracht. Alle Leistungen dienen optimierten, zukunftsweisenden Produkten und Prozessen, die dem Wettbewerb einen Schritt voraus sind und die Anforderungen des Kunden ganzheitlich erfüllen.

Der vorliegende Leitfaden richtet sich an Ingenieure, Techniker, Technische Produktdesigner und Studenten, die eine systematische Einführung und fundierte Hilfestellungen in das Themengebiet der statistischen Toleranzberechnung benötigen.

An dieser Stelle möchte ich mich auch noch einmal recht herzlich bei Frau Natalie Kube bedanken, die mich bei der Erstellung dieses Leitfadens tatkräftig unterstützt hat. Ebenso bedanke ich mich bei Herrn Steffen Müller für die Konstruktion der Getriebebilder.

Für etwaige konstruktive Hinweise und Anregungen zum Inhalt bin ich Ihnen dankbar.

Kassel, Juni 2016

Dr.-Ing. Frank Mannewitz
frank.mannewitz@casim.de

casim GmbH & Co. KG
Heinrich-Hertz-Straße 3b
34123 Kassel
www.casim.de
mailks@casim.de

Inhaltsverzeichnis

1 Zielsetzung des Leitfadens

Leider existiert gegenwärtig nur wenig Literatur, welche sich mit dem Themengebiet der Toleranzberechnung detailliert auseinandersetzt.

Daher gibt es auch nur wenige Beispiele, die aufzeigen, wie eine arithmetische wie auch statistische Toleranzberechnung ohne Hilfsmittel, wie beispielsweise einer Toleranzanalyse-Software, durchzuführen ist.

Dieser Leitfaden soll dem Anwender helfen, in anschaulicher Weise einen Einstieg in das Gebiet der Toleranzberechnung zu finden.

So wird in Kapitel 4 ausgehend von einer technischen Fragestellung an einer axialen Schneckenwellenlagerung erörtert, wie eine Maßkette aufzustellen ist. In Kapitel 5 erfahren Sie, wie eine arithmetische Toleranzberechnung durchzuführen ist. Kapitel 6 und 7 beinhalten die Voraussetzungen und theoretischen Hintergründe zur statistischen Toleranzberechnung.

Des Weiteren wird in Kapitel 6 auch die Beurteilung der Baugruppenfunktion hinsichtlich des Erfüllungsgrades der Prozessfähigkeitsindizes erörtert.

In Kapitel 9 sind die notwendigen Arbeitsschritte nochmals zusammengefasst.

Ferner befinden sich in Kapitel 12 alle notwendigen Formeln und Tabellen, die zur Durchführung einer Toleranzberechnung notwendig sind.

2 Aufgabenstellung

In der folgenden Abbildung 1 ist die Explosionszeichnung eines Schneckengetriebes dargestellt. Aufgabe ist es, die axiale Fixierung im Bereich der Loslagerung der Schneckenwelle zu analysieren.

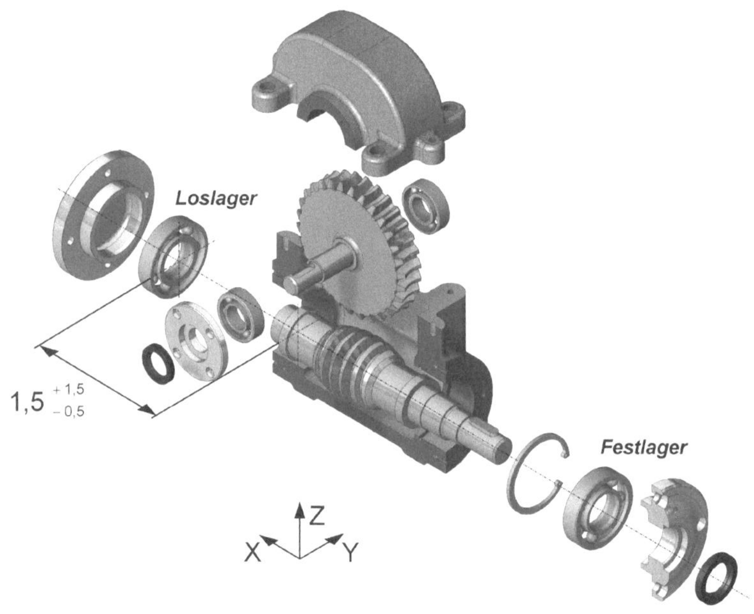

Abb. 1: Explosionszeichnung eines Schneckengetriebes

Zur Funktionserfüllung wird ein axiales Lagerspiel auf der Loslagerseite M_0 zwischen USG = 1,0 und OSG = 3,0 [mm] gefordert. Hierbei sollen die Produktvariablen der betreffenden Einzelteile, wie Gehäuse, Welle, Deckel, Los- und Festlager, so toleriert sein, dass diese Forderung erfüllt ist. Konstruktiv ist das axiale Lagerspiel auf N_0 = 1,5 [mm] ausgelegt. Dieser Nominalwert ist aus den CAD-Daten zu ermitteln.

Für die Baugruppenfunktionsforderung entsprechend Abbildung 1 kann das geforderte axiale Lagerspiel (Schließmaß) zwischen dem Loslager und der Schneckenwelle wie folgt angegeben werden:

$$M_0 = 1{,}5\,^{+1{,}5}_{-0{,}5}\ [mm].$$

Hieraus resultiert eine Schließmaßtoleranz von 2,0 [mm].

Diese Schließmaßtoleranz soll mit der Forderung der Prozessfähigkeitsindizes von C_p und $C_{pk} > 1{,}33$ eingehalten werden. Der Nachweis hierüber ist in Form einer (statistischen) Toleranzberechnung zu erbringen.

3 Funktionsmaße an der Schneckenwellenlagerung

Die folgende Abbildung 2 zeigt zur Veranschaulichung eine Explosionszeichnung der Schneckenwellenlagerung, aus der die Vielzahl der Einzelteile am Schneckengetriebe ersichtlich wird. Das zu untersuchende axiale Spaltmaß wird durch die beiden Schrägkugellager, die beiden Lagerdeckel, das Schneckengehäuse und die Schneckenwelle beeinflusst. Die beiden Bauteile Sicherungsring (Seegerring) und Wellendichtring (Simmerring) werden für die axiale Spaltmaßbetrachtung nicht benötigt.

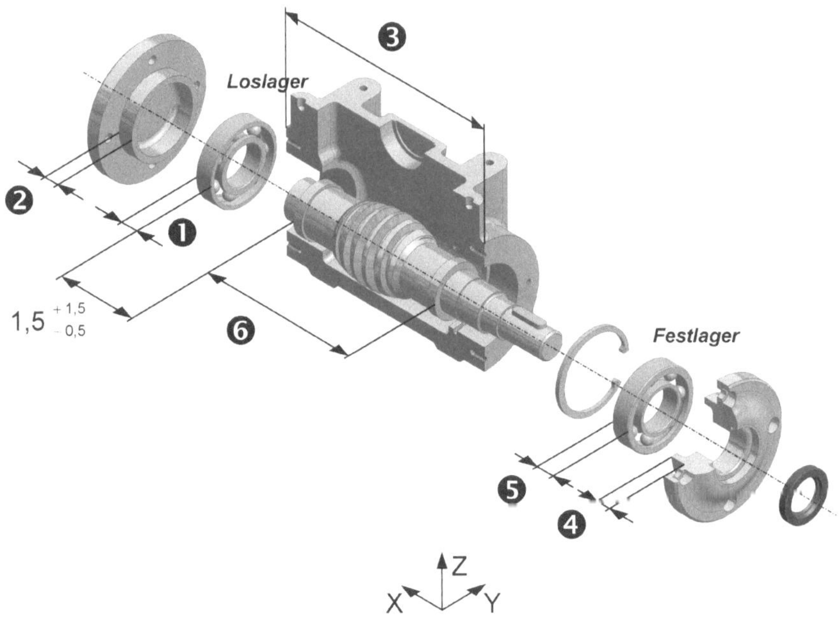

Abb. 2: Einzelteile am Schneckengetriebe

Die Produktvariablen der Schneckenwellenlagerung weisen in einem ersten konstruktiven Entwurf die folgenden Nennmaße und Toleranzen auf:

Tab. 1: Zusammenstellung der Produktvariablen (Funktionsmaße) für das Beispiel Schneckenwellenlagerung

M1	Breite des einreihigen Schrägkugellagers[1] (X-Anordnung) (loslagerseitig)	$18_{-0,12}$ [mm]
M2	Stufenmaß am Lagerdeckel (loslagerseitig)	15 ± 0,2 [mm]
M3	Breite des Schneckengehäuses	236 ± 0,5 [mm]
M4	Stufenmaß am Lagerdeckel (festlagerseitig)	15 ± 0,2 [mm]
M5	Breite des einreihigen Schrägkugellagers (X-Anordnung) (festlagerseitig)	$18_{-0,12}$ [mm]
M6	Schulterlänge der Schneckenwelle	168,5 ± 0,5 [mm]

Die Einzeltoleranzen für die zu fertigenden Einzelteile sind gemäß der Allgemeintoleranzen nach DIN 2768 für die Toleranzklasse m definiert worden, siehe Tabelle 11 im Anhang.

Die folgende Abbildung 3 zeigt die Zusammenbausituation der Baugruppe.

[1] Anm.: Die Lager sind gemäß Schrägkugellager SKF 7208 BECBJ ausgeführt. Innendurchmesser d = 40 [mm], Außendurchmesser D = 80 [mm].

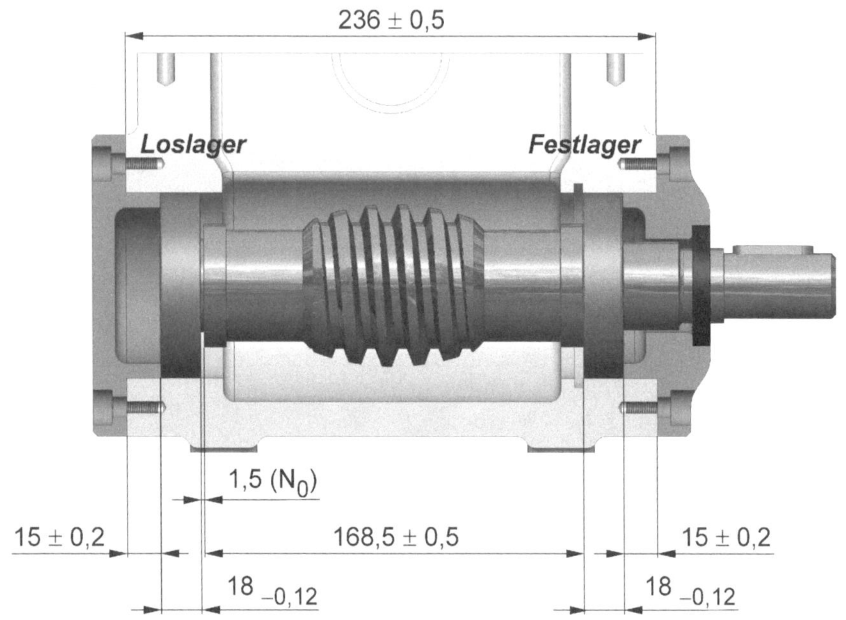

Abb. 3: Fest- und Loslagerung an der Schneckenwelle
(axialer Nennspalt N_0 = 1,5 [mm])

In Abbildung 3 ist die axiale Positionierung der Bauteile dargestellt. In diesem Beispiel ist der Sicherungsring auf der Festlagerseite nicht verbaut. Dieser ist auch für die hier durchzuführende Betrachtung nicht von Bedeutung. Loslagerseitig ist das zu berechnende axiale Spaltmaß zwischen dem Schneckenwellenabsatz und dem Schrägkugellager-Innenring von 1,5 [mm] zu sehen. Da sich das loslagerseitige Lager axial über die radialen Spielpassungen zu Gehäuse und Welle bewegen kann, kann sich das zu berechnende axiale Spaltmaß auch zwischen Schrägkugellager-Außenring und Lagerdeckel einstellen. Hierbei ist unterstellt, dass es zwischen dem Lagerinnen- und außenring keine relative axiale Verschiebung gibt.

4 Vorzeichen(-richtung) der Funktionsmaße

„Eine Maßkette ist die geometrische Zusammenfassung mehrerer zusammenwirkender Einzelmaße. Maßketten im Sinne dieser Norm sind lineare Maßketten von unabhängigen Einzelmaßen."[2]

Aus den unabhängigen Einzelmaßen, die hier „Funktionsmaße" genannt werden, resultiert das Schließmaß bzw. Qualitätsmerkmal. Die Funktionsmaße wirken somit direkt auf das Schließmaß und weisen dabei in der Regel unterschiedliche Vorzeichenrichtungen auf. Es wird hierbei zwischen positiven und negativen Einzelmaßen unterschieden. Die Definitionen lauten wie folgt:

Positives Maß
„Ein direktes Maß ist der positiven Zählrichtung zugeordnet, **wenn seine Vergrößerung das Schließmaß in positiver Richtung verändert**, indem es das ***Spiel vergrößert*** oder das ***Übermaß verkleinert***, unter der Voraussetzung, dass alle anderen Maße der Maßkette konstant bleiben."[3] In einer linearen Maßkette ist der Richtungskoeffizient dann „+1".

Negatives Maß
„Ein direktes Maß ist der negativen Zählrichtung zugeordnet, **wenn seine Vergrößerung das Schließmaß in negativer Richtung verändert**, indem es das ***Spiel verkleinert*** oder das ***Übermaß vergrößert***, unter der Voraussetzung, dass alle anderen Maße der Maßkette konstant bleiben."[4] Dementsprechend ist in einer linearen Maßkette der Richtungskoeffizient „-1".

Die unterschiedlichen Wirkrichtungen der einzelnen Funktionsmaße, welche nichts anderes als Vektoren sind, führen in Ergänzung des Schließmaßes zu einem geschlossenen Vektorzug.

Wird die obige Definition zur Festlegung der Vorzeichenrichtung angewandt, so ergeben sich die Richtungskoeffizienten α_i der einzelnen Maßkettenglieder gemäß der Darstellung in Tabelle 2.

[2] DIN 7186, Blatt 1, Statistische Tolerierung – Begriffe, Anwendungsrichtlinien und Zeichnungsangaben, Beuth, Berlin 1974, Seite 1.

[3] TGL 19115, Teil 1, Berechnung von Maß- und Toleranzketten – Begriffe, ehem. Verlag für Standardisierung, Leipzig 1983, Seite 1.

[4] Ebd.

Tab. 2: Zusammenstellung der Funktionsmaße für die arithmetische Toleranzberechnung (Angaben in [mm])

M_i	Bauteil	α_i	N_i	$G_{o\,i}$	$G_{u\,i}$	t_i	C_i
M1	Kugellager (Loslager)	-1	18	18	17,88	0,12	17,94
M2	Lagerdeckel (Loslager)	-1	15	15,2	14,8	0,4	15
M3	Schneckengehäuse	+1	236	236,5	235,5	1	236
M4	Lagerdeckel (Festlager)	-1	15	15,2	14,8	0,4	15
M5	Kugellager (Festlager)	-1	18	18	17,88	0,12	17,94
M6	Schneckenwelle	-1	168,5	169	168	1	168,5

Grafisch resultiert hieraus der in Abbildung 4 dargestellte Vektorzug oder, wie in der DIN 7186 beschrieben, der dazugehörige Maßplan.

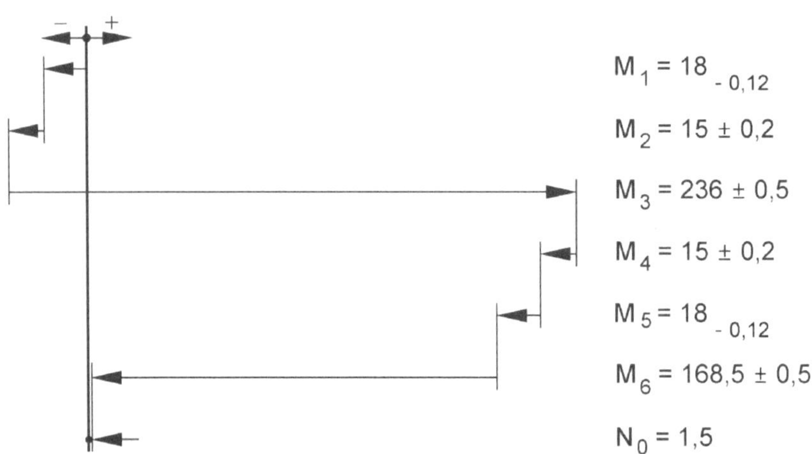

Abb. 4: Maßplan (Maßkette) für die Fest- und Loslagerung der Schneckenwelle nach Abbildung 3

5 Arithmetische Toleranzberechnung

In der arithmetischen Toleranzberechnung wird der schlechteste Fall angenommen, der sogenannte „Worst-Case". In diesem weisen die einzelnen Maßkettenglieder alle die jeweils ungünstigste Nennmaßabweichung auf. Der Worst-Case wird durch die beiden Grenzwerte Mindestschließmaß P_u und Höchstschließmaß P_o beschrieben.

Für eine arithmetische Toleranzberechnung werden die nachfolgenden Maße bezüglich des Schließmaßes berechnet. Grafisch sind die Maße in Abbildung 3 dargestellt.

5.1 Nennschließmaß

$$N_0 = \sum_{i=1}^{k} \alpha_i \cdot N_i \qquad (1)$$

$$N_0 = (-1 \cdot 18) + (-1 \cdot 15) + (1 \cdot 236) + (-1 \cdot 15) + (-1 \cdot 18) + (-1 \cdot 168{,}5)$$

$$N_0 = 1{,}5 \; [mm]$$

5.2 Mittelwert des Schließmaßes

Für das Beispiel der axialen Schneckenwellenlagerung berechnet sich das Mittenmaß von M_0 nach Gl. (2) zu C_0 = 1,62 [mm].

$$C_0 = \sum_{i=1}^{k} \alpha_i \cdot C_i \qquad (2)$$

$$C_0 = (-1 \cdot 17{,}94) + (-1 \cdot 15) + (1 \cdot 236) + (-1 \cdot 15) + (-1 \cdot 17{,}94) + (-1 \cdot 168{,}5)$$

$$C_0 = 1{,}62 \; [mm]$$

5.3 Arithmetische Schließmaßtoleranz

$$T_a = \sum_{i=1}^{k} |\alpha_i| \cdot t_i \qquad (3)$$

$$T_a = |-1| \cdot 0{,}12 + |-1| \cdot 0{,}4 + |+1| \cdot 1 + |-1| \cdot 0{,}4 + |-1| \cdot 0{,}12 + |-1| \cdot 1$$

$$T_a = 3{,}040\,[mm]$$

Aus der Anwendung der Gl. (3) wird ersichtlich, dass bei der Ermittlung der Schließmaßtoleranz die Vorzeichen der Funktionsmaße gleichgültig sind.

5.4 Arithmetisches Höchstschließmaß bzw. oberes Passmaß des Schließmaßes

Für die Anwendung der nachfolgenden Gln. (4) und (5) sind mit G_o und G_u die Höchst- und Mindestmaße zu berücksichtigen und mit „pos" und „neg" die jeweilige Vorzeichenrichtung der betreffenden Funktionsmaße. Mit „α" ist der Vorzeichenrichtung entsprechend für pos = +1 und für neg = -1 festzulegen.

$$P_o = \sum_{i=1}^{n} |\alpha_i| \cdot G_{o_{pos_i}} - \sum_{j=1}^{m} |\alpha_j| \cdot G_{u_{neg_j}} \qquad (4)$$

$$P_o = 1 \cdot 236{,}5 - (|-1| \cdot 14{,}8 + |-1| \cdot 14{,}8 + |-1| \cdot 17{,}88 + |-1| \cdot 168 + |-1| \cdot 17{,}88)$$

$$P_o = 3{,}140\,[mm]$$

5.5 Arithmetisches Mindestschließmaß bzw. unteres Passmaß des Schließmaßes

$$P_u = \sum_{i=1}^{n} |\alpha_i| \cdot G_{u_{pos_i}} - \sum_{j=1}^{m} |\alpha_j| \cdot G_{o_{neg_j}} \qquad (5)$$

$$P_u = 1 \cdot 235{,}5 - (|-1| \cdot 15{,}2 + |-1| \cdot 15{,}2 + |-1| \cdot 18 + |-1| \cdot 169 + |-1| \cdot 18)$$

$$P_u = 0{,}100\,[mm]$$

Mit dem hier berechneten Höchstschließmaß von $P_o = 3{,}140$ [mm] und dem Mindestschließmaß von $P_u = 0{,}100$ [mm] zeigt sich, dass das geforderte axiale Spaltmaß M_0 bereits arithmetisch nicht erfüllt wird. D.h., die Spezifikationsgrenzen USG = 1,0 und OSG = 3,0 [mm] werden verletzt. Die Differenz der beiden berechneten Grenzlagen entspricht dann wieder der arithmetischen Schließmaßtoleranz T_a, also 3,040 [mm].

5.6 Arithmetische Beitragsleister

Damit stellt sich die Frage, welches Maßkettenglied wie stark das Schließmaß der Baugruppe beeinflusst. Diese Frage soll mithilfe der sogenannten Beitragsleister beantwortet werden.

Hierbei sollen die arithmetischen und statistischen Beitragsleister unterschieden werden.

Die Ermittlung der individuellen prozentualen arithmetischen Beitragsleister B_i nach Gl. (6) ist relativ einfach über das Verhältnis der arithmetischen Einzel- zur Schließmaßtoleranz sowie den Richtungskoeffizienten durchzuführen.

$$B_{i_{arith}} = |\alpha_i| \cdot \left[\frac{t_i}{T_a} \right] \cdot 100\% \qquad (6)$$

$$B_{1_{arith}} = |\alpha_1| \cdot \left[\frac{t_1}{T_a} \right] \cdot 100\% = |-1| \cdot \left[\frac{0,12}{3,04} \right] \cdot 100\% = 3,94\%$$

$$B_{2_{arith}} = |\alpha_2| \cdot \left[\frac{t_2}{T_a} \right] \cdot 100\% = |-1| \cdot \left[\frac{0,4}{3,04} \right] \cdot 100\% = 13,15\%$$

$$B_{3_{arith}} = |\alpha_3| \cdot \left[\frac{t_3}{T_a} \right] \cdot 100\% = 1 \cdot \left[\frac{1}{3,04} \right] \cdot 100\% = 32,89\%$$

$$B_{4_{arith}} = |\alpha_4| \cdot \left[\frac{t_4}{T_a} \right] \cdot 100\% = |-1| \cdot \left[\frac{0,4}{3,04} \right] \cdot 100\% = 13,15\%$$

$$B_{5_{arith}} = |\alpha_5| \cdot \left[\frac{t_5}{T_a} \right] \cdot 100\% = |-1| \cdot \left[\frac{0,12}{3,04} \right] \cdot 100\% = 3,94\%$$

$$B_{6_{arith}} = |\alpha_6| \cdot \left[\frac{t_6}{T_a} \right] \cdot 100\% = |-1| \cdot \left[\frac{1}{3,04} \right] \cdot 100\% = 32,89\%$$

5.7 Ergebnisübersicht der arithmetischen Toleranzberechnung

Mit Hinblick auf die zuvor aufgeführten Gleichungen lässt sich folgende Ergebnisübersicht für die arithmetische Toleranzberechnung erstellen.

Tab. 3: Zusammenstellung der Ergebnisse für die arithmetische Toleranzberechnung (Angaben in [mm])

M_i	α_i	N_i	$G_{o\,i}$ (P_o)	$G_{u\,i}$ (P_u)	t_i (T_a)	C_i	B_i
M1	-1	18	18	17,88	0,12	17,94	3,9 [%]
M2	-1	15	15,2	14,8	0,4	15	13,1 [%]
M3	+1	236	236,5	235,5	1	236	32,8 [%]
M4	-1	15	15,2	14,8	0,4	15	13,1 [%]
M5	-1	18	18	17,88	0,12	17,94	3,9 [%]
M6	-1	168,5	169	168	1	168,5	32,8 [%]
M0	--	**1,5**	**3,14**	**0,1**	**3,04**	**1,62**	--

6 Statistische Toleranzberechnung

Vor dem Hintergrund, dass der Konstrukteur bereits in der konstruktiven Auslegungsphase die spätere Fertigung und Montage der Einzelteile sowie die Funktionen der Baugruppen bei in Serienfertigung produzierten Bauteilen sicherstellen muss, reicht eine arithmetische Verifizierung der Konstruktion nicht aus. Er benötigt den Nachweis über die konstruktive Erfüllung hinsichtlich der geforderten Funktionsqualität. Eine Aussage darüber, was man braucht und was möglich ist, kann die statistische Toleranzberechnung[5] geben. Mit der Anwendung der statistischen Toleranzberechnung ist es möglich, frühzeitig kritische Einflüsse und Risiken innerhalb der späteren Realisierung unter Serienbedingungen zu erfassen.

Aufgrund verschiedener Veröffentlichungen in den fünfziger und sechziger Jahren des 20. Jahrhunderts, die sich mit der Toleranzauslegung nach statistischen Gesetzmäßigkeiten beschäftigten, brachte im August 1974 der Deutsche Normenausschuss (Ausschuss für Toleranzen und Passungen (ATP) sowie der Fachnormenausschuss Zeichnungen (FZ)) die DIN 7186, Blatt 1 heraus. Diese Norm mit dem Titel „Statistische Tolerierung“ (Begriffe, Anwendungsrichtlinien und Zeichnungsangaben) sollte dem Konstrukteur die Möglichkeit einer besseren Berücksichtigung der Fertigungsgegebenheiten bei der Toleranzvergabe bieten.

Die DIN 7186, Blatt 1 sagte u.a. aus:

„Immer, wenn mehrere Längenmaße oder auch andere Messgrößen ein für die Eigenschaft des Erzeugnisses bestimmtes Maß bilden – in dieser Norm heißt es Schließmaß – sollte statistisch toleriert werden.“[6]

Da sich der Inhalt dieser Norm nur auf Begriffe und Anwendungsrichtlinien der statistischen Tolerierung sowie auf die Zeichnungseintragung für statistische Toleranzen beschränkte, wurde im Januar 1980 ein Teil 2 vom Normenausschuss für Länge und Gestalt (NLG) im DIN Deutsches Institut für Normung e.V. mit dem Titel „Statistische Tolerierung“ (Grundlagen für Rechenverfahren) herausgegeben – allerdings nur als Entwurf.

---

[5] Anm.: Die statistische Toleranzberechnung wird oftmals auch als „statistische Tolerierung“ bezeichnet, insbesondere in der DIN 7186. Andere Bezeichnungen sind „wahrscheinlichkeitstheoretische Methode“, „prozessorientierte Toleranzberechnung“ oder „Toleranzsimulation“.

[6] DIN 7186, Blatt 1, Seite 5.

Die gleichen Bestrebungen waren auch in der ehemaligen Deutschen Demokratischen Republik festzustellen, welche im Jahre 1983 mit der Schaffung der TGL 19115, Teil 4 mit dem Titel „Berechnung von Maß- und Toleranzketten“ (Wahrscheinlichkeitstheoretische Methode) die Grundlagen hierfür legte.[7]

Zielsetzung beider Normen war es, gerade in der Serienfertigung für lineare Maß- und Toleranzketten zu einer extrem kostengünstigen Herstellung bei einer guten Ausführungsqualität zu gelangen.

Laut dem Deutschen Normenausschuss (Technische Grundlagen) ist die DIN 7186, Blatt 1 – Teil 2 war ohnehin zunächst nur ein Entwurf – im Jahre 2002 ersatzlos gestrichen worden. Ein ergänzender bzw. austauschender Teil 3 dieser ehemaligen Norm zur statistischen Tolerierung sei derzeit nicht geplant. Die TGL 19115, Teil 4 hat wiederum bereits mit der deutschen Wiedervereinigung im Jahre 1989 ihre Wirkung verloren. Dennoch sind – trotz fehlender gültiger Norm zur statistischen Tolerierung – die damit verbundenen statistischen Gesetzmäßigkeiten in ihrer Anwendung nicht außer Kraft gesetzt. Vor diesem Hintergrund sollen nachfolgend (u.a. anhand der nicht mehr aktuellen Normen) die Randbedingungen und die Vorgehensweise zur statistischen Toleranzberechnung erörtert werden.

Bei der statistischen Toleranzanalyse werden die Wahrscheinlichkeitsdichtefunktionen, welche hier auch Fertigungsverteilungen genannt werden, innerhalb der Toleranz der jeweiligen Einzelteile berücksichtigt. D.h., hierbei werden die Häufigkeitsverteilungen der Istmaße innerhalb der Toleranzfelder prozessorientiert analysiert und fließen als Fertigungsverteilungen mit in die Toleranzberechnung ein. Mögliche symmetrische Fertigungsverteilungen sind im Anhang in Tabelle 9 einzusehen.

Die zu errechnende statistische Schließmaßtoleranz T_s wird kleiner sein als die eingangs errechnete arithmetische Schließmaßtoleranz T_a, unter der Voraussetzung, dass ein gewisser Überschreitungsanteil für das Schließmaß akzeptiert wird.

Die hierfür verantwortlichen Grundlagen sind laut DIN 7186, Teil 2:

- das Abweichungsfortpflanzungsgesetz[8],
- der Zusammenhang zwischen den Standardabweichungen und den Toleranzen und
- der Zentrale Grenzwertsatz der Statistik.

[7] Vgl. TGL 19115, Teil 4, Berechnung von Maß- und Toleranzketten – Wahrscheinlichkeitstheoretische Methode, ehem. Verlag für Standardisierung, Leipzig 1983.

[8] Anm.: Das Abweichungsfortpflanzungsgesetz wird auch als Fehlerfortpflanzungsgesetz bezeichnet.

Die Anwendung dieser statistischen Gesetzmäßigkeiten bei der Toleranzberechnung von Maßketten bietet dem Anwender enorme Vorteile.

Schon bei einer geringen Maßkettengliederanzahl erweist sich der statistische Lösungsansatz als wesentlich vorteilhafter gegenüber einer arithmetischen Toleranzanalyse.

6.1 Voraussetzungen für die Anwendung der statistischen Toleranzberechnung

Die Voraussetzungen für die Anwendung der statistischen Tolerierung sind laut TGL 19115, Teil 4 – hier als „wahrscheinlichkeitstheoretische Methode“ bezeichnet – folgende:

- Es muss ein Überschreitungsanteil des Schließmaßes erlaubt sein
- Die Verteilungen der Einzelmaße müssen bekannt oder abschätzbar sein
- Die Istwerte des Schließmaßes sollten einer Normalverteilung genügen

Dies ist nur der Fall, wenn:

- hinreichende Bedingungen in der Fertigungsvorbereitung und -durchführung, also stabile Prozesse, vorliegen
- die Losgröße der Einzelmaße (Anzahl gefertigter Teile) $n > 50$ ist
- vielgliedrige Toleranzketten mit Einzelmaßen $k \geq 5$[9] vorliegen
- eine weniggliedrige Toleranzkette z. B. mit $k = 2$ in den Verteilungen der Einzelmaße normalverteilt vorliegt

Die zuvor genannten Voraussetzungen zur Anwendung der statistischen Tolerierung beruhen auf dem Berechnungsansatz der Fehlerfortpflanzung. Steht dem Anwender eine Software mit einem alternativen Berechnungsansatz wie beispielsweise dem Monte-Carlo-Verfahren zur Verfügung, so können dann auch weniggliedrige Toleranzketten hinreichend genau berechnet werden. Ebenso können die Fertigungsverteilungen auch von der Normalverteilung abweichen.

[9] Anm.: Die hier benötigte Toleranz- bzw. Maßkettengliederanzahl $k \geq 5$ ist abhängig von den Fertigungsverteilungstypen und von der statistischen Toleranzanalysemethode. Dennoch kann selbst eine Maßkette mit $k = 2$ Gliedern und mit nicht normalverteilten Verteilungen beispielsweise mit der Methode der Faltung exakt berechnet werden.

6.2 Akzeptierter Überschreitungsanteil

Eine Bedingung für die Anwendung der statistischen Tolerierung besteht in der Akzeptanz eines Überschreitungsanteils für das Schließmaß.

Die „akzeptierte Ausschussquote" – in der Statistik als Überschreitungsanteil[10] p_e bezeichnet – ist für das Schließmaß frei wählbar.

Sie ist eine wichtige Grundvoraussetzung zur Anwendung der statistischen Tolerierung. Hierbei wird explizit erlaubt, dass die Qualitätsvorgabe (Spezifikationsgrenzen) des Schließmaßes, z. B. eine Spaltmaßtoleranz, nicht bei 100 [%] aller montierten bzw. gefügten Baugruppen eingehalten werden muss.

Der prozentuale Anteil der zu erfüllenden Qualitäts- bzw. Toleranzvorgabe in der Serienfertigung – in der Statistik als Annahmewahrscheinlichkeit P_a bezeichnet – wird über die Prozessfähigkeitsindizes C_p und C_{pk} vorgegeben. Für die Serienfertigung werden gegenwärtig im Maschinen- und Fahrzeugbau Prozessfähigkeitsindizes von > 1,33 gefordert. Dies entspricht einer Annahmewahrscheinlichkeit von > 99,9936 [%][11] und gleichermaßen einer akzeptierten Ausschussquote von < 63 [ppm]. Dementsprechend dürfen von einer Million montierter bzw. gefügter Baugruppen maximal 62 Baugruppen die geforderte Qualitätsvorgabe unter- und/oder überschreiten.

Die genannten Beziehungen und Verhältnisse sind hierbei in der Beurteilung von Einzelmerkmalen gemäß der DIN ISO 22514, vormals DIN ISO 21747 bzw. DIN 55319, übernommen worden.

---

[10] Anm.: Der Überschreitungsanteil wird auch als Fehlerwahrscheinlichkeit bezeichnet. Hierbei kann es einen oberen und/oder unteren Anteil geben.

[11] Anm.: Diese Annahmewahrscheinlichkeit wird oftmals auch mit 99,994 [%] angegeben.

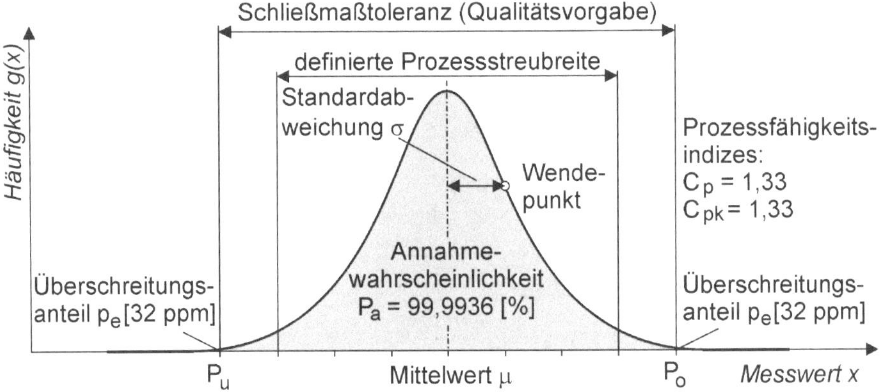

Abb. 5: Toleranzbezogene zentrierte Wahrscheinlichkeitsdichtefunktion einer Normalverteilung für eine Schließmaßtoleranz mit den Prozessfähigkeitsindizes C_p und C_{pk} = 1,33

7 Statistische Toleranzberechnung an der Schneckenwellenlagerung

Die Methode der Fehlerfortpflanzung hat als Hintergrund den „Zentralen Grenzwertsatz“ der Statistik. Hiernach verteilt sich die Summe beliebiger unabhängiger Verteilungen bei einer Anzahl $k \geq 5$[12] hinreichend genau wie eine Normalverteilung.[13] Gemäß der standardisierten Normalverteilung, die für $\mu = 0$ und für $\sigma = 1$ ausgewertet vorliegt, ist die Quantil $u = \pm 3{,}0$ bei einer Annahmewahrscheinlichkeit von $P_a = 99{,}73002$ [%], welches mit einem Prozessfähigkeitsindex $C_p = 1{,}0$ korrespondiert. Ist $u = \pm 4{,}0$ bei einer Annahmewahrscheinlichkeit von $P_a = 99{,}9936$ [%], korrespondiert dies mit dem Prozessfähigkeitsindex $C_p = 1{,}33$. Hierbei wird vorausgesetzt, dass symmetrisch um den Mittelwert μ einer Normalverteilung ausgewertet wird, wonach die obere Quantil u_o und die untere u_u betragsmäßig gleich groß sind. Weitere Abhängigkeiten sind der nachfolgenden Tabelle 4 zu entnehmen.

Tab. 4: Annahmewahrscheinlichkeit in Abhängigkeit von der Quantil an der standardisierten Normalverteilung

Annahmewahrscheinlichkeit P_a	Quantil u wenn Verteilung symmetrisch $u_o = \lvert -u_u \rvert = u$	Prozessfähigkeitsindex C_p wenn zentrierte Mittellage $C_p = C_{pk}$[14]
< 99,73002 [%]	< 3	< 1
99,73002 [%]	3	1
99,9936 [%]	4	1,33
99,99994 [%]	5	1,67
99,9999998 [%]	6	2

7.1 Festlegung der Einzelverteilungen für die Funktionsmaße

Zur Ermittlung der statistischen Schließmaßtoleranz T_s werden im Vorfeld der Berechnung den Einzeltoleranzen fertigungsspezifische Einflussgrößen in Form

[12] Anm.: Die hier zur Erfüllung des Zentralen Grenzwertsatzes benötigte Mindestmaßkettengliederanzahl von $k \geq 5$ variiert in diversen Veröffentlichungen zwischen 4, 5 oder 6.

[13] Vgl.: Kirschling, G.: Qualitätssicherung und Toleranzen, Springer, Berlin 1988, Seite 24.

[14] Anm.: Die beiden Prozessfähigkeitsindizes C_p und C_{pk} sind bei zentrierter Mittellage bezogen auf die Spezifikationsgrenzen (USG und OSG) gleich groß. Dies gilt nur bei beidseitig begrenzten Merkmalen, wie Längenmaßen oder Durchmessern.

von Wahrscheinlichkeitsdichtefunktionen – auch Fertigungsverteilungen genannt – zugeordnet.

Fertigungsverteilungen sind die statistischen Auswertungen der Istmaße eines Funktionsmerkmals, z. B. der Wellendurchmesser einer Passung über einen definierten Zeitraum mit dem Ergebnis eines Histogramms.

Bei der Zuordnung der Prozessparameter müssen verschiedene Fertigungsverteilungen unterschieden werden. In der Praxis können die unterschiedlichsten Verteilungstypen auftreten. Basierend auf der Art des Fertigungsvorgangs (Drehen, Fräsen, Schleifen, Bohren etc.), dem Umfang der hergestellten Stückzahl und nicht zuletzt der Verhältnisse bei der Fertigung, wo systematische und/oder zufallsbedingte Einflüsse zum Tragen kommen, resultieren die verschiedenen Verteilungstypen, siehe Tabelle 9 im Anhang.

Tab. 5: Fertigungsverteilungen und deren Anwendung

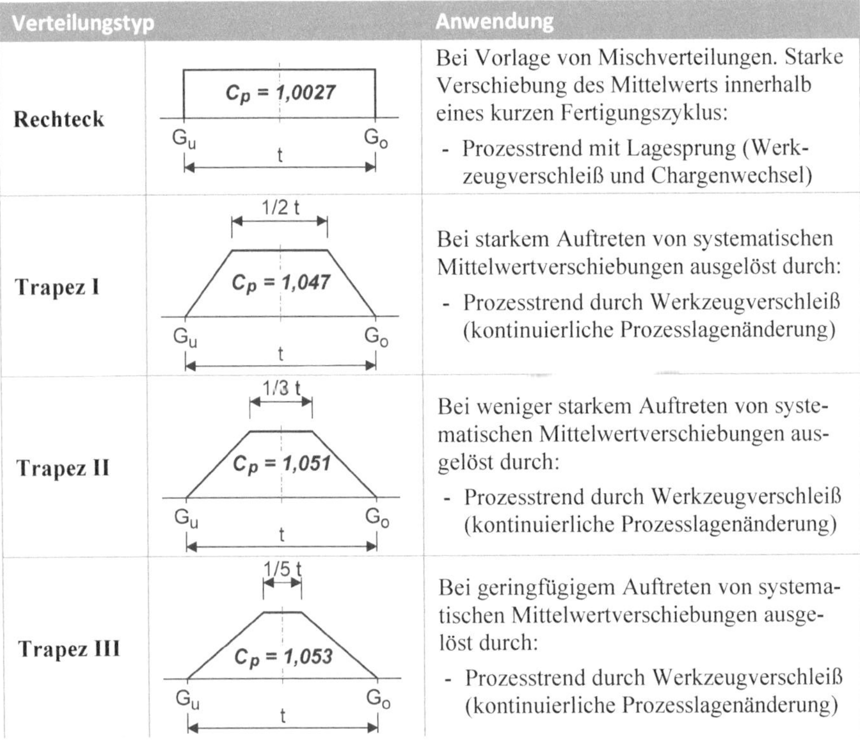

Verteilungstyp		Anwendung
Rechteck	$C_p = 1{,}0027$; G_u, G_o, t	Bei Vorlage von Mischverteilungen. Starke Verschiebung des Mittelwerts innerhalb eines kurzen Fertigungszyklus: - Prozesstrend mit Lagesprung (Werkzeugverschleiß und Chargenwechsel)
Trapez I	1/2 t; $C_p = 1{,}047$; G_u, G_o, t	Bei starkem Auftreten von systematischen Mittelwertverschiebungen ausgelöst durch: - Prozesstrend durch Werkzeugverschleiß (kontinuierliche Prozesslagenänderung)
Trapez II	1/3 t; $C_p = 1{,}051$; G_u, G_o, t	Bei weniger starkem Auftreten von systematischen Mittelwertverschiebungen ausgelöst durch: - Prozesstrend durch Werkzeugverschleiß (kontinuierliche Prozesslagenänderung)
Trapez III	1/5 t; $C_p = 1{,}053$; G_u, G_o, t	Bei geringfügigem Auftreten von systematischen Mittelwertverschiebungen ausgelöst durch: - Prozesstrend durch Werkzeugverschleiß (kontinuierliche Prozesslagenänderung)

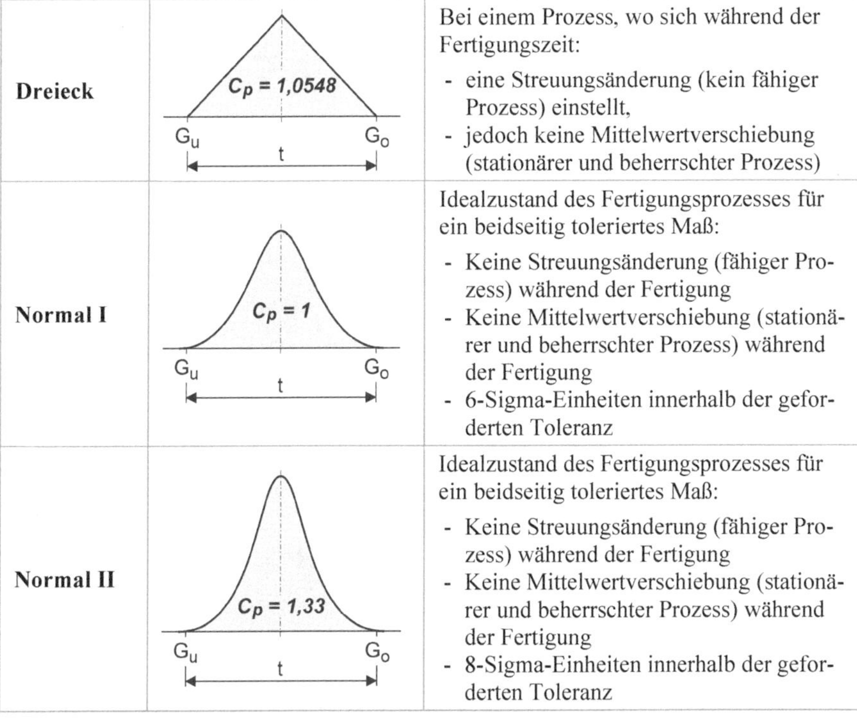

Dreieck	$C_p = 1{,}0548$ G_u G_o t	Bei einem Prozess, wo sich während der Fertigungszeit: - eine Streuungsänderung (kein fähiger Prozess) einstellt, - jedoch keine Mittelwertverschiebung (stationärer und beherrschter Prozess)
Normal I	$C_p = 1$ G_u G_o t	Idealzustand des Fertigungsprozesses für ein beidseitig toleriertes Maß: - Keine Streuungsänderung (fähiger Prozess) während der Fertigung - Keine Mittelwertverschiebung (stationärer und beherrschter Prozess) während der Fertigung - 6-Sigma-Einheiten innerhalb der geforderten Toleranz
Normal II	$C_p = 1{,}33$ G_u G_o t	Idealzustand des Fertigungsprozesses für ein beidseitig toleriertes Maß: - Keine Streuungsänderung (fähiger Prozess) während der Fertigung - Keine Mittelwertverschiebung (stationärer und beherrschter Prozess) während der Fertigung - 8-Sigma-Einheiten innerhalb der geforderten Toleranz

Neben den in Tabelle 9 im Anhang angegebenen symmetrischen Verteilungstypen existieren auch asymmetrische Verteilungen, so z. B. logarithmische Normalverteilungen für Rundlaufabweichungen von rotationssymmetrischen Flächen oder auch Rayleigh-Verteilungen bei Vorlage von Exzentrizität, Koaxialität oder Positionstoleranzen. Des Weiteren können sich auch Mischverteilungen erster und zweiter Art ausbilden.

Für das Beispiel der Schneckenwellenlagerung sind die in Tabelle 6 angegebenen Fertigungsverteilungen exemplarisch festgelegt worden.

Tab. 6: Fertigungsverteilungen für das Beispiel Schneckenwellenlagerung

M_i	t_i	Verteilungstyp	Varianz σ_i^2
M1	0,12	Normalverteilung II (C_p = 1,33)	$\frac{t^2}{64}$
M2	0,4	Trapezverteilung I (Seitenverhältnis 1/2 t)	$\frac{10}{192} \cdot t^2$
M3	1	Normalverteilung I (C_p = 1)	$\frac{t^2}{36}$
M4	0,4	Trapezverteilung I (Seitenverhältnis 1/2 t)	$\frac{10}{192} \cdot t^2$
M5	0,12	Normalverteilung II (C_p = 1,33)	$\frac{t^2}{64}$
M6	1	Normalverteilung I (C_p = 1)	$\frac{t^2}{36}$

Gleichungen zur Berechnung der Varianzen gemäß Tabelle 9 im Anhang.

7.2 Standardabweichung des Schließmaßes

Die Standardabweichung σ_0 für das Schließmaß berechnet sich über das Fehlerfortpflanzungsgesetz nach Gl. (7).

$$\sigma_0 = \sqrt{\sum_{i=1}^{k} \alpha_i^2 \cdot \sigma_i^2} \qquad (7)$$

$$\sigma_0 = \sqrt{\alpha_1^2 \cdot \frac{t_1^2}{64} + \alpha_2^2 \cdot \frac{10}{192} \cdot t_2^2 + \alpha_3^2 \cdot \frac{t_3^2}{36} + \alpha_4^2 \cdot \frac{10}{192} \cdot t_4^2 + \alpha_5^2 \cdot \frac{t_5^2}{64} + \alpha_6^2 \cdot \frac{t_6^2}{36}}$$

$$\sigma_0 = \sqrt{1^2 \cdot \frac{0,12^2}{64} + 1^2 \cdot \frac{10}{192} \cdot 0,4^2 + 1^2 \cdot \frac{1^2}{36} + 1^2 \cdot \frac{10}{192} \cdot 0,4^2 + 1^2 \cdot \frac{0,12^2}{64} + 1^2 \cdot \frac{1^2}{36}}$$

$$\sigma_0 = 0,26957785 [mm]$$

7.3 Statistische Schließmaßtoleranz

Entsprechend der nachfolgend in Abbildung 6 dargestellten Schließmaßverteilung gibt es an der Normalverteilung ein Verhältnis der Annahmewahrscheinlichkeit P_a

zur Standardabweichung σ. Wenn der Bereich – also das Intervall für die Annahmewahrscheinlichkeit – definiert wird, geschieht dies nicht in den jeweiligen Berechnungsgrößen, hier in [mm], sondern über die transformierte Größe „u". u entspricht dabei dem „einseitigen Gutanteil in σ-Einheiten". Das zu definierende beidseitige Intervall entspricht der gesuchten statistischen Schließmaßtoleranz T_s.

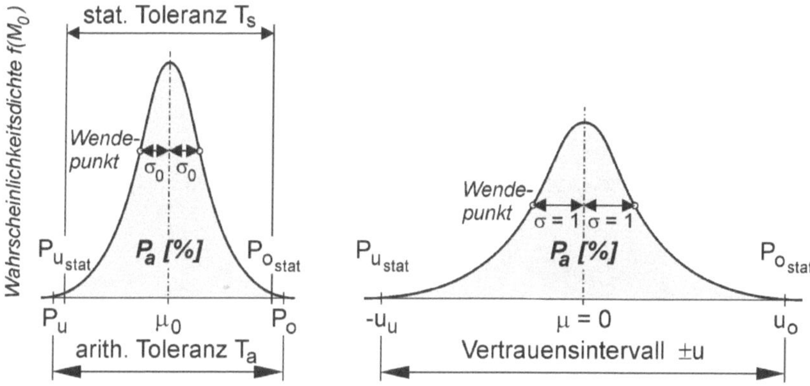

Abb. 6: Darstellung des Zusammenhangs zwischen der statistischen Schließmaßtoleranz (links) und der standardisierten Normalverteilung (rechts)

Die allgemeine Transformation zur Ermittlung der Grenzwerte in σ-Einheiten – der sogenannten Quantilen – geschieht durch die Anwendung der Gl. (8). Diese Grenzwerte werden zum einen für die untere $P_{u\,stat}$ und zum anderen für die obere Grenze $P_{o\,stat}$ ermittelt.

$$u = \frac{x - \mu}{\sigma} = \frac{x - C_0}{\sigma_0} \qquad (8)$$

Daraus folgt für die untere Grenze die untere Quantil:

$$u_u = \frac{x_u - \mu_0}{\sigma_0} = \frac{P_{u_{stat}} - C_0}{\sigma_0} \qquad (9)$$

bzw. die obere Quantil:

$$u_o = \frac{x_o - \mu_0}{\sigma_0} = \frac{P_{o_{stat}} - C_0}{\sigma_0} \qquad (10)$$

Abhängig vom Mittelwert C_0 und den Grenzwerten $P_{o\ stat}$ und $P_{u\ stat}$ können die Quantilen auch negativ sein. Dies trifft meist für die untere Quantil zu.

Nach Umstellung der Gl. (9) folgt die Gl. (11) zur Ermittlung des unteren statistischen Grenzwertes $P_{u\ stat}$ der Schließmaßverteilung in [mm]. D.h., in der Ausgangssituation der statistischen Schließmaßberechnung wird die Annahmewahrscheinlichkeit über [%] bzw. den Prozessfähigkeitsindex C_p vorgegeben. Dieser Größenordnung entsprechend wird über den Zusammenhang an der standardisierten Normalverteilung der Grenzwert in σ-Einheiten ermittelt. Diese σ-Einheiten entsprechen pro σ-Einheit der transformierten Größe u. Somit ist es über diesen Zusammenhang nach den Gln. (11) und (12) möglich, die absoluten statistischen unteren $P_{u\ stat}$ und oberen Grenzwerte $P_{o\ stat}$ der Verteilung zu berechnen.

$$P_{u_{stat}} = (u_u \cdot \sigma_0) + C_0 \qquad (11)$$

$$P_{u_{stat}} = ((-4) \cdot 0{,}26957785) + 1{,}62 = 0{,}541\ [mm]$$

Hiernach berechnet sich die untere statistische Grenze bei einer Annahmewahrscheinlichkeit von $P_a = 99{,}9936$ [%] zu 0,541 [mm]. In Anwendung der Gl. (12) folgt für die obere statistische Grenze 2,698 [mm].

$$P_{o_{stat}} = (u_o \cdot \sigma_0) + C_0 \qquad (12)$$

$$P_{o_{stat}} = (4 \cdot 0{,}26957785) + 1{,}62 = 2{,}698\ [mm]$$

Die Differenz $P_{o\ stat}$ zu $P_{u\ stat}$ führt somit zur statistischen Schließmaßtoleranz T_s. Dementsprechend folgt nach Gl. (13):

$$T_s = P_{o_{stat}} - P_{u_{stat}} \qquad (13)$$

$$T_s = 2{,}698 - 0{,}541$$

$$T_s = 2{,}157\ [mm]$$

Die in den Gln. (11) bis (13) angewandte Berechnungsmethode wird auch als Momentenverfahren bezeichnet.

Da in der Regel von einer symmetrischen und zentrierten Normalverteilung für die Schließmaßverteilung ausgegangen wird, kann die Herleitung der Fehlerfortpflanzung über den Zusammenhang nach Gl. (13) erfolgen.

$$T_s = P_{o_{stat}} - P_{u_{stat}} = [(u_o \cdot \sigma_0) + C_0] - [(u_u \cdot \sigma_0) + C_0]$$

$$T_s = (u_o \cdot \sigma_0) - (u_u \cdot \sigma_0)$$

$$T_s = (u_o - u_u) \cdot \sigma_0 \qquad \textbf{(14)}$$

Bei einer symmetrischen und zentrierten Schließmaßverteilung in Anwendung der Gl. (14) ist $u = u_o = |-u_u|$.

Beispielhaft würde sich die statistische Schließmaßtoleranz für eine Annahmewahrscheinlichkeit von $P_a = 99{,}9936$ [%] wie folgt berechnen:

$$T_s = (u_o - u_u) \cdot \sigma_0 = (4 - (-4)) \cdot \sigma_0$$

bzw.

$$T_s = 8 \cdot \sigma_0 .$$

Dementsprechend wird mit steigender Annahmewahrscheinlichkeit die statistische Schließmaßtoleranz ebenfalls größer, bis zu einer Annahmewahrscheinlichkeit von $P_a = 100$ [%], wonach mathematisch $T_s = T_a$ resultiert.

Häufig wird der Zusammenhang zur Ermittlung der statistischen Schließmaßtoleranz T_s nach Gl. (15) beschrieben. Auch hier wird die symmetrische Auswertung um den Mittelwert μ bzw. μ_0 der Normalverteilung vorausgesetzt. Somit kann „±u“ durch „2u“ ersetzt werden. u ist durch die Vorgabe des Prozessfähigkeitsindex für das Schließmaß über die standardisierte Normalverteilung gemäß der Tabelle 10 im Anhang festgelegt.

$$T_s = 2 \cdot u \cdot \sigma_0 \qquad \textbf{(15)}$$

$$T_s = 2 \cdot 4 \cdot \sigma_0$$

$$T_s = 2 \cdot 4 \cdot 0{,}26957785 = 2{,}157\,[mm]$$

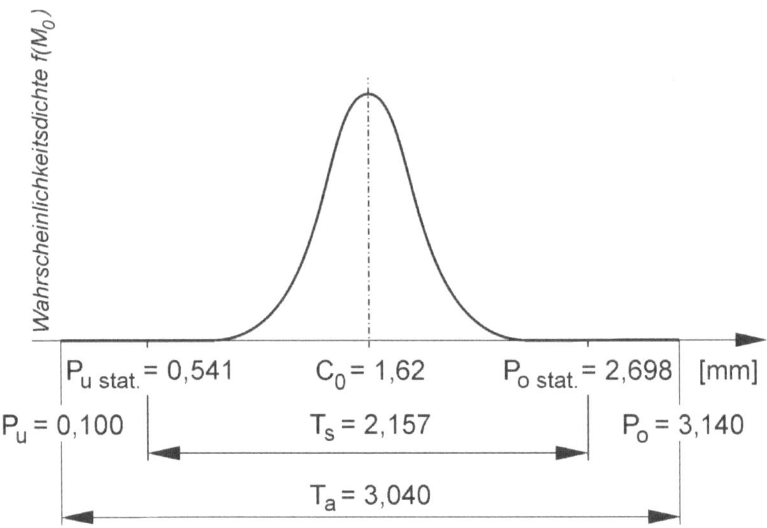

Abb. 7: Resultierende Gesamtdichtefunktion für das axiale Spaltmaß an der Schneckenwellenlagerung

7.4 Statistische Beitragsleister

Bei der Ermittlung der individuellen arithmetischen Beitragsleister (Kap. 5.6) werden die notwendigen Fertigungsprozesse nicht erfasst. Die Fertigungsprozessqualität beeinflusst jedoch die Wertigkeit eines Maßkettengliedes. Daher ist die Kenntnis der individuellen statistischen Beitragsleister einer Maßkette von entscheidender Bedeutung.

Hier werden neben der arithmetischen Verifizierung auch die statistische Schließmaßtoleranz sowie das Verhältnis der Quantilen des Schließmaßes zu den Quantilen der individuellen Fertigungsverteilung berücksichtigt.

Zur Ermittlung der jeweiligen prozentualen statistischen Beitragsleister B_i wird Gl. (16) angewandt.

$$B_{i_{stat}} = \alpha_i^2 \cdot \left[\frac{u_{o_{M0}} - u_{u_{M0}}}{u_{o_i} - u_{u_i}} \right]^2 \cdot \left[\frac{t_i}{T_s} \right]^2 \cdot 100\% \qquad (16)$$

$$B_{1_{stat}} = \alpha_1^2 \cdot \left[\frac{u_{o_{M0}} - u_{u_{M0}}}{u_{o_1} - u_{u_1}}\right]^2 \cdot \left[\frac{t_1}{T_s}\right]^2 \cdot 100\%$$

$$B_{1_{stat}} = 1^2 \cdot \left[\frac{4-(-4)}{4-(-4)}\right]^2 \cdot \left[\frac{0,12}{2,157}\right]^2 \cdot 100\% = 0,3\%$$

$$B_{2_{stat}} = \alpha_2^2 \cdot \left[\frac{u_{o_{M0}} - u_{u_{M0}}}{u_{o_2} - u_{u_2}}\right]^2 \cdot \left[\frac{t_2}{T_s}\right]^2 \cdot 100\%$$

$$B_{2_{stat}} = 1^2 \cdot \left[\frac{4-(-4)}{2,19-(-2,19)}\right]^2 \cdot \left[\frac{0,4}{2,157}\right]^2 \cdot 100\% = 11,47\%$$

$$B_{3_{stat}} = \alpha_3^2 \cdot \left[\frac{u_{o_{M0}} - u_{u_{M0}}}{u_{o_3} - u_{u_3}}\right]^2 \cdot \left[\frac{t_3}{T_s}\right]^2 \cdot 100\%$$

$$B_{3_{stat}} = 1^2 \cdot \left[\frac{4-(-4)}{3-(-3)}\right]^2 \cdot \left[\frac{1}{2,157}\right]^2 \cdot 100\% = 38,21\%$$

$$B_{4_{stat}} = \alpha_4^2 \cdot \left[\frac{u_{o_{M0}} - u_{u_{M0}}}{u_{o_4} - u_{u_4}}\right]^2 \cdot \left[\frac{t_4}{T_s}\right]^2 \cdot 100\%$$

$$B_{4_{stat}} = 1^2 \cdot \left[\frac{4-(-4)}{2,19-(-2,19)}\right]^2 \cdot \left[\frac{0,4}{2,157}\right]^2 \cdot 100\% = 11,47\%$$

$$B_{5_{stat}} = \alpha_5^2 \cdot \left[\frac{u_{o_{M0}} - u_{u_{M0}}}{u_{o_5} - u_{u_5}}\right]^2 \cdot \left[\frac{t_5}{T_s}\right]^2 \cdot 100\%$$

$$B_{5_{stat}} = 1^2 \cdot \left[\frac{4-(-4)}{4-(-4)}\right]^2 \cdot \left[\frac{0{,}12}{2{,}157}\right]^2 \cdot 100\% = 0{,}3\%$$

$$B_{6_{stat}} = \alpha_6^2 \cdot \left[\frac{u_{o_{M0}} - u_{u_{M0}}}{u_{o_6} - u_{u_6}}\right]^2 \cdot \left[\frac{t_6}{T_s}\right]^2 \cdot 100\%$$

$$B_{6_{stat}} = 1^2 \cdot \left[\frac{4-(-4)}{3-(-3)}\right]^2 \cdot \left[\frac{1}{2{,}157}\right]^2 \cdot 100\% = 38{,}21\%$$

In dieser Gleichung sind mit $u_{o\,Mo}$ und $u_{u\,Mo}$ die beiden Quantilen des Schließmaßes anzugeben. Ist die Vorgabe der Prozesssicherheit für das Q-Merkmal (Schließmaß) bei $C_p = 1{,}33$, dann resultieren die beiden Quantilen gemäß Tabelle 10 im Anhang zu ± 4. $u_{o\,Mi}$ und $u_{u\,Mi}$ sind die beiden Quantilen der individuell festzulegenden Einzelverteilungen der Maßkettenglieder. Diese sind verteilungsabhängig in Tabelle 9 im Anhang, Spalte 5, zu finden.

Häufig werden in der Praxis die Ergebnisse der statistischen Beitragsleister in einem priorisierten und geordneten Balkendiagramm dargestellt, welches als Beitragsleisteranalyse bezeichnet wird (siehe Abbildung 8).

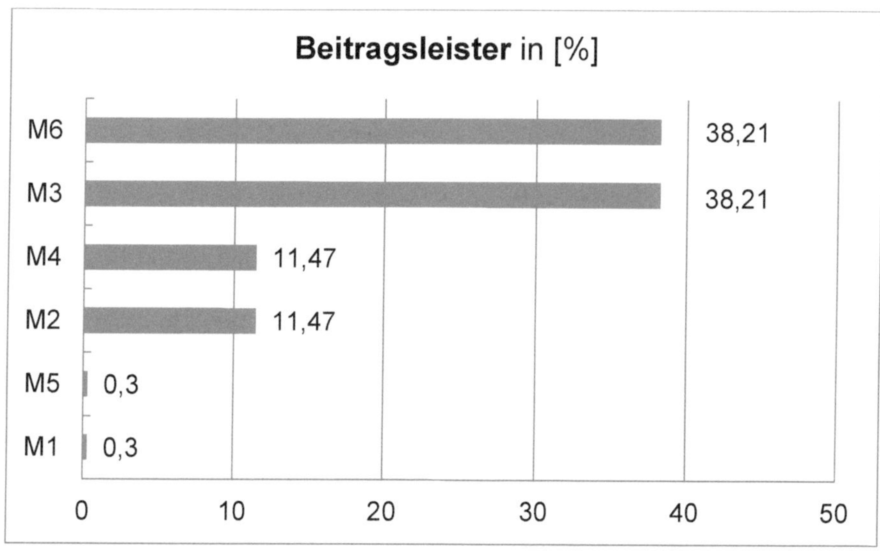

Abb. 8: Darstellung der statistischen Beitragsleisteranalyse für das axiale Spaltmaß an der Schneckenwellenlagerung

7.5 Direktläuferquote

Im nächsten Schritt wird die Direktläuferquote berechnet. Hierzu benötigen wir jedoch zunächst die untere Quantil für die untere Grenze sowie die obere Quantil für die obere Grenze der Spezifikation.

Für die untere Quantil gilt:

$$u_u = \frac{x_u - \mu_0}{\sigma_0} = \frac{USG - C_0}{\sigma_0} \tag{17}$$

$$u_u = \frac{1{,}0 - 1{,}62}{0{,}26957785} = -2{,}299 \approx -2{,}30$$

Aus der Verteilungsfunktion der standardisierten Normalverteilung nach Tabelle 10 im Anhang resultiert Φ(u) zu:

$$\Phi(u = -2{,}30) = 0{,}010724.$$

Für die obere Quantil gilt dementsprechend:

$$u_o = \frac{x_o - \mu_0}{\sigma_0} = \frac{OSG - C_0}{\sigma_0} \tag{18}$$

$$u_o = \frac{3{,}0 - 1{,}62}{0{,}26957785} = 5{,}119$$

$$\Phi(u = 5{,}11) = 0{,}99999 \approx 1.$$

Für die Berechnung der Direktläuferquote wird die Differenz aus Gl. (19) gebildet.

$$DL = \Phi(u_o) - \Phi(u_u) \tag{19}$$

$$DL = \Phi(u = 5{,}11) - \Phi(u = -2{,}30) = 1 - 0{,}010724 = 0{,}989276$$

Dies führt unter der Berücksichtigung der beiden Spezifikationsgrenzen USG = 1,0 und OSG = 3,0 [mm] für das axiale Spaltmaß zu einer Direktläuferquote von 98,92 [%]. Somit liegen 1,07 [%] der montierten Baugruppen außerhalb der Spezifikation.

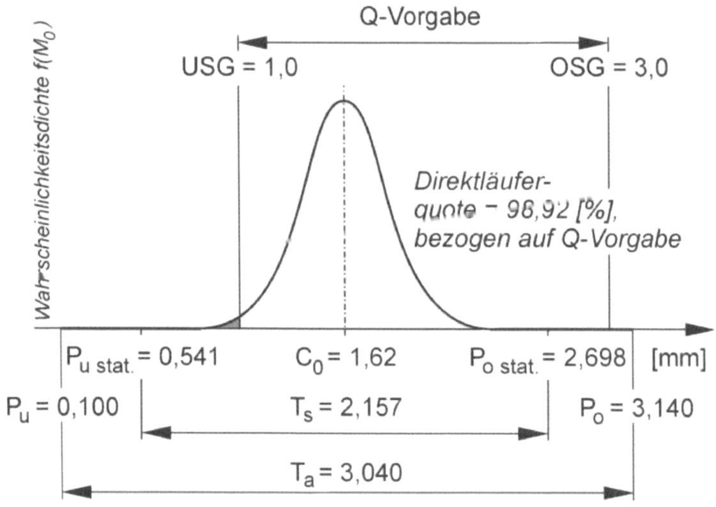

Abb. 9: Resultierende Gesamtdichtefunktion für das axiale Spaltmaß an der Schneckenwellenlagerung

7.6 Prozessfähigkeitsindizes

Zur Ermittlung des Prozessfähigkeitsindex wird ein Referenzmaß für die Prozessstreubreite vorgegeben, die sogenannte „definierte Prozessstreubreite“. Die definierte Prozessstreubreite von normalverteilten Merkmalswerten beträgt hierbei 6σ-Einheiten, welche sich gemäß der standardisierten Normalverteilung[15] an der Annahmewahrscheinlichkeit von 99,73002 [%] orientieren. Somit füllen 8σ-Einheiten die Schließmaßtoleranz aus, wenn die Annahmewahrscheinlichkeit bei einer normalverteilten Schließmaßverteilung 99,9936 [%] beträgt. Hierbei sollte die berechnete Schließmaßtoleranz der Qualitätsvorgabe entsprechen. Der Prozessfähigkeitsindex C_p lässt sich aus dem Verhältnis der geforderten Schließmaßtoleranz (Spezifikation) zur definierten Prozessstreubreite berechnen.

Ist darüber hinaus der Prozess zentriert, also der Mittelwert μ identisch mit der Qualitätsvorgabenmitte (Spezifikationsmitte), dann ergibt sich für den kleinsten Prozessfähigkeitsindex C_{pk} dieselbe Größenordnung wie C_p (siehe Abbildung 5). Letzteres gilt nicht für die Betragsverteilungen 1. und 2. Art, denn hier kann durchaus $C_{pk} \geq C_p$ sein.

Unter der Voraussetzung eines normalverteilten Schließmaßes, wie im Beispiel gegeben, ergibt die Berechnung der Prozessfähigkeit C_p für das resultierende Funktionsmaß $M_0 = 1{,}5\ ^{+1,5}_{-0,5}\ [mm]$ allerdings nach Gl. (20) mit C_p = 1,24 einen geringeren Wert als den aus der allgemeinen Forderung gegebenen Wert C_p > 1,33 für das Verhältnis der Breite der resultierenden Dichtefunktion zur Funktionstoleranz. Die Gln. (20), (22) und (23) sind gemäß der DIN ISO 22514, vormals DIN ISO 21747, angewandt worden. Die Bestimmungen der Schätzer für die Lage und die Streuung wurden mittels der Verfahren $M_{3,\,2}$ durchgeführt.

$$C_p = \frac{T}{6 \cdot \sigma_0} = \frac{OSG - USG}{6 \cdot \sigma_0} \tag{20}$$

$$C_p = \frac{3{,}0 - 1{,}0}{6 \cdot 0{,}26957785}$$

$$C_p = 1{,}24$$

[15] Anm.: Bei der standardisierten Normalverteilung ist μ = 0 und σ = 1.

$$C_{pk} = min.\left\{C_{pk_O}, C_{pk_U}\right\} \tag{21}$$

$$C_{pk_O} = \frac{OSG - C_0}{3 \cdot \sigma_0} \tag{22}$$

$$C_{pk_O} = \frac{3{,}0 - 1{,}62}{3 \cdot 0{,}26957785}$$

$$C_{pk_O} = 1{,}71$$

$$C_{pk_U} = \frac{C_0 - USG}{3 \cdot \sigma_0} \tag{23}$$

$$C_{pk_U} = \frac{1{,}62 - 1{,}0}{3 \cdot 0{,}26957785}$$

$$C_{pk_U} = 0{,}77$$

Die Verschiebung der resultierenden Dichtefunktion zur naheliegendsten Funktionstoleranzgrenze, hier USG = 1, gibt der kleinste Prozessfähigkeitsindex C_{pk} wieder. Dieser ergibt in diesem Fall unter Anwendung der Gl. (23) $C_{pk} = 0{,}77$. Der kleinere Wert gegenüber der Prozessfähigkeit zeigt, dass das Mittenmaß $C_0 = 1{,}62$ [mm] zum Nennschließmaß $N_0 = 1{,}5$ [mm] verschoben ist.

Das Ergebnis der Berechnung zeigt, dass das Schließmaß des axialen Spaltmaßes weder prozessfähig ist ($C_p = 1{,}24$), noch beherrscht wird ($C_{pk} = 0{,}77$), sondern nur bedingt fähig ist und nicht beherrscht wird!

7.7 Ergebnisübersicht der statistischen Toleranzberechnung

Zusammenfassend sind hier noch einmal alle Berechnungsergebnisse der statistischen Toleranzberechnung in einer überschaubaren Ergebnisübersicht zusammengetragen worden. Der Konstrukteur erhält somit den perfekten Überblick über seine Arbeit.

Tab. 7: Zusammenstellung der Ergebnisse für die statistische Toleranzberechnung

M_i	α_i	N_i	Go_i ($P_{o\,st}$)	Gu_i ($P_{u\,st}$)	t_i (T_a)	C_i	B_i
M1	-1	18	18	17,88	0,12	17,94	0,3 [%]
M2	-1	15	15,2	14,8	0,4	15	11,4 [%]
M3	+1	236	236,5	235,5	1	236	38,2 [%]
M4	-1	15	15,2	14,8	0,4	15	11,4 [%]
M5	-1	18	18	17,88	0,12	17,94	0,3 [%]
M6	-1	168,5	169	168	1	168,5	38,2 [%]
M0	--	1,5	2,698	0,541	2,157	1,62	--

Angaben in [mm]

8 Zusammenfassung

Unabhängig vom Lösungsverfahren zur Ermittlung der statistischen sowie arithmetischen Schließmaßtoleranz ist das Aufstellen der Maßkette zwingend notwendig. Diese Aufgabe kann jedoch kein gegenwärtig am Markt erhältliches Programmsystem selbstständig bzw. automatisch lösen, sodass sie der Entwickler bzw. Konstrukteur mit seinen Algebra- und Geometriekenntnissen sowie verschiedenen Hilfsmitteln in der Regel selbst lösen muss.

Hierbei zeigt sich, dass mithilfe des gezeigten Lösungsansatzes technische Fragestellungen mit einem zeitlich und wirtschaftlich vertretbaren Aufwand abgearbeitet werden können. So eignet sich eine ganzheitlich durchgeführte Toleranzberechnung hervorragend zur Validierung von Konzeptalternativen, bei der im ersten Schritt die Erfahrungswerte der Fertigung mit einfließen können.

Der Lösungsansatz des zentralen Grenzwertsatzes bzw. der Fehlerfortpflanzung nach Gauß zur Berechnung der statistischen Schließmaßtoleranz stellt hier eine gute und einfach anzuwendende Methode dar. Er ermöglicht, auch ohne eine spezifische Tolerierungssoftware eine statistische Toleranzberechnung durchzuführen.

„Aus wirtschaftlichen Gründen ist die Anwendung der statistischen Toleranzrechnung auch dann zu empfehlen, wenn die arithmetische Schließmaßtoleranz tragbar oder die aus ihr ermittelten Einzeltoleranzen realisierbar wären.“ [16]

Das hier gezeigte und berechnete Beispiel ist insofern ein einfaches Beispiel, weil es eine lineare Maßkettenstruktur aufweist. Des Weiteren sind keine Form- und/oder Lagetoleranzen (Geometrische Produktspezifikation GPS) in der Aufgabenstellung enthalten.

Jedoch bietet das gezeigte Beispiel eine gute und nachvollziehbare Grundlage, um sich in das Gebiet der Toleranzberechnung einzuarbeiten, um somit eine wirtschaftliche und qualitätsorientierte Lösung zu erzielen.

---

[16] DIN 7186, Blatt 1, Seite 3.

9 Arbeitsschritte

Tab. 8: Systematische Vorgehensweise zur Durchführung einer Toleranzberechnung

Nr.	Inhalt	Gl.	Formel	
0	Schließmaß berechnen			
1	Funktionsmaße identifizieren			Arithmetische Toleranzberechnung
2	Maßkette aufstellen			
3	Nennschließmaß berechnen	(1)	$N_0 = \sum_{i=1}^{k} \alpha_i \cdot N_i$	
4	Mittelwert des Schließmaßes berechnen	(2)	$C_0 = \sum_{i=1}^{k} \alpha_i \cdot C_i$	
5	Arithmetische Schließmaßtoleranz berechnen	(3)	$T_a = \sum_{i=1}^{k} \lvert\alpha_i\rvert \cdot t_i$	
6	Arithmetisches Höchstschließmaß berechnen	(4)	$P_o = \sum_{i=1}^{n} \lvert\alpha_i\rvert \cdot G_{o_{pos_i}} - \sum_{j=1}^{m} \lvert\alpha_j\rvert \cdot G_{u_{neg_j}}$	
7	Arithmetisches Mindestschließmaß berechnen	(5)	$P_u = \sum_{i=1}^{n} \lvert\alpha_i\rvert \cdot G_{u_{pos_i}} - \sum_{j=1}^{m} \lvert\alpha_j\rvert \cdot G_{o_{neg_j}}$	
8	Arithmetische Beitragsleister berechnen	(6)	$B_{i_{arith}} = \lvert\alpha_i\rvert \cdot \left[\frac{t_i}{T_a}\right] \cdot 100\%$	
9	Fertigungsverteilungen definieren			Statistische Toleranzberechnung
10	Standardabweichung des Schließmaßes berechnen	(7)	$\sigma_0 = \sqrt{\sum_{i=1}^{k} \alpha_i^2 \cdot \sigma_i^2}$	
11	Annahmewahrscheinlichkeit für das Schließmaß definieren			

Nr.	Inhalt	Gl.	Formel	
12	Statistische Schließmaßtoleranz berechnen	(15)	$T_s = 2 \cdot u \cdot \sigma_0$	
13	Statistische Beitragsleister berechnen	(16)	$B_{i_{stat}} = \alpha_i^2 \cdot \left[\frac{u_{o_{M_0}} - u_{u_{M_0}}}{u_{o_i} - u_{u_i}} \right]^2 \cdot \left[\frac{t_i}{T_s} \right]^2 \cdot 100\%$	
14	Untere Quantil des Schließmaßes berechnen	(17)	$u_u = \frac{USG - C_0}{\sigma_0}$	
15	Obere Quantil des Schließmaßes berechnen	(18)	$u_o = \frac{OSG - C_0}{\sigma_0}$	
16	Direktläuferquote berechnen	(19)	$DL = \Phi(u_o) - \Phi(u_u)$	
17	Prozessfähigkeitsindex berechnen	(20)	$C_p = \frac{OSG - USG}{6 \cdot \sigma_0}$	**Prozessfähigkeitsindizes**
18	Kleinsten Prozessfähigkeitsindex berechnen	(22); (23)	$C_{pk_O} = \frac{OSG - C_0}{3 \cdot \sigma_0}$; $C_{pk_U} = \frac{C_0 - USG}{3 \cdot \sigma_0}$	
19	Ergebnisse bewerten und ggf. Maßnahmen ableiten			

10 Literatur

DIN 7186, Blatt 1, Statistische Tolerierung – Begriffe, Anwendungsrichtlinien und Zeichnungsangaben, Beuth, Berlin 1974.

DIN 7186, Blatt 2 (Entwurf), Statistische Tolerierung – Grundlagen für Rechenverfahren, Beuth, Berlin 1980.

DIN ISO 22514, Teil 1 (Entwurf), Statistische Methoden im Prozessmanagement – Fähigkeit und Leistung – Teil 1: Allgemeine Grundsätze und Begriffe, Beuth, Berlin 2015.

DIN ISO 22514, Teil 2, Statistische Verfahren im Prozessmanagement – Fähigkeit und Leistung – Teil 2: Prozessleistungs- und Prozessfähigkeitskenngrößen von zeitabhängigen Prozessmodellen, Beuth, Berlin 2015.

DIN ISO 2768, Teil 1, Allgemeintoleranzen – Toleranzen für Längen- und Winkelmaße ohne einzelne Toleranzeintragung, Beuth, Berlin 1991.

TGL 19115, Teil 1, Berechnung von Maß- und Toleranzketten – Begriffe, ehem. Verlag für Standardisierung, Leipzig 1983.

TGL 19115, Teil 4, Berechnung von Maß- und Toleranzketten – Wahrscheinlichkeitstheoretische Methode, ehem. Verlag für Standardisierung, Leipzig 1983.

KIRSCHLING, G.: Qualitätssicherung und Toleranzen, Springer, Berlin 1988.

KLEIN, B.; MANNEWITZ, F.: Statistische Tolerierung, Vieweg-Verlag, Braunschweig/Wiesbaden 1993.

MANNEWITZ, F.: Baugruppenfunktions- und prozessorientierte Toleranzaufweitung – Teil 1, Die richtige Toleranzfestlegung, Konstruktion, Jahrgang 57, Heft 10, Seite 87-93, 2005.

MANNEWITZ, F.: Baugruppenfunktions- und prozessorientierte Toleranzaufweitung – Teil 2, Gleichwertigkeit der Maßkettenglieder herstellen, Konstruktion, Jahrgang 57, Heft 11/12, Seite 57-62, 2005.

11 Formelzeichen

α_i	i-ter Linearitätskoeffizient (Gewichtungs- bzw. Geometriefaktor)
σ^2	Varianz
σ_0	Standardabweichung des Schließmaßes
B_i	i-ter prozentualer Beitragsleister
C_p	Prozessfähigkeitsindex
C_{pk}	kleinster Prozessfähigkeitsindex
C_i	i-tes Toleranzmittenmaß
C_0	Mittenmaß des Schließmaßes
DL	Direktläuferquote (Gutanteil) gemäß Qualitätsvorgabe für das Schließmaß
es_i	i-tes oberes Abmaß (Außenmaß)
ei_i	i-tes unteres Abmaß (Außenmaß)
ES_i	i-tes oberes Abmaß (Innenmaß)
EI_i	i-tes unteres Abmaß (Innenmaß)
G_{Oi}	i-tes Höchstmaß (oberes Grenzmaß bzw. Größtmaß)
G_{Ui}	i-tes Mindestmaß (unteres Grenzmaß bzw. Kleinstmaß)
M_i	i-tes toleriertes Maß
M_0	toleriertes Schließ- bzw. Funktionsmaß
k, n, m	Anzahl der Maßkettenglieder
N_0	Nennmaß des Schließmaßes
OSG	obere Spezifikationsgrenze der Qualitätsvorgabe für das Schließmaß
P_a	Annahmewahrscheinlichkeit für das Schließ- bzw. Funktionsmaß
P_O	Höchstschließmaß (oberes Passmaß)
P_U	Mindestschließmaß (unteres Passmaß)
t_i	i-te arithmetische Maßkettengliedtoleranz
T_a	arithmetische Schließmaßtoleranz
T_s	statistische Schließmaßtoleranz
u	Quantil: Annahmewahrscheinlichkeit in σ-Einheiten der standardisierten Normalverteilung
$u_{o/u}$	obere bzw. untere Quantil (Grenzwert in σ-Einheiten)
USG	untere Spezifikationsgrenze der Qualitätsvorgabe für das Schließmaß

12 Formelsammlung

Nennschließmaß

$$N_0 = \sum_{i=1}^{k} \alpha_i \cdot N_i \qquad (1)$$

Mittenmaß von M_0

$$C_0 = \sum_{i=1}^{k} \alpha_i \cdot C_i \qquad (2)$$

Arithmetische Schließmaßtoleranz

$$T_a = \sum_{i=1}^{k} |\alpha_i| \cdot t_i \qquad (3)$$

Höchstschließmaß

$$P_o = \sum_{i=1}^{n} |\alpha_i| \cdot G_{o_{pos_i}} - \sum_{j=1}^{m} |\alpha_j| \cdot G_{u_{neg_j}} \qquad (4)$$

Mindestschließmaß

$$P_u = \sum_{i=1}^{n} |\alpha_i| \cdot G_{u_{pos_i}} - \sum_{j=1}^{m} |\alpha_j| \cdot G_{o_{neg_j}} \qquad (5)$$

Arithmetische Beitragsleister

$$B_{i_{arith}} = |\alpha_i| \cdot \left[\frac{t_i}{T_a} \right] \cdot 100\% \qquad (6)$$

Standardabweichung des Schließmaßes

$$\sigma_0 = \sqrt{\sum_{i=1}^{k} \alpha_i^2 \cdot \sigma_i^2} \qquad (7)$$

Quantil

$$u = \frac{x - \mu}{\sigma} = \frac{x - C_0}{\sigma_0} \qquad (8)$$

Untere Quantil

$$u_u = \frac{x_u - \mu_0}{\sigma_0} = \frac{P_{u_{stat}} - C_0}{\sigma_0} \qquad (9)$$

Obere Quantil

$$u_o = \frac{x_o - \mu_0}{\sigma_0} = \frac{P_{o_{stat}} - C_0}{\sigma_0} \qquad (10)$$

Statistisches Mindestschließmaß

$$P_{u_{stat}} = \left(u_u \cdot \sigma_0\right) + C_0 \qquad (11)$$

Statistisches Höchstschließmaß

$$P_{o_{stat}} = \left(u_o \cdot \sigma_0\right) + C_0 \qquad (12)$$

Statistische Schließmaßtoleranz

$$T_s = P_{o_{stat}} - P_{u_{stat}} \qquad (13)$$

Statistische Schließmaßtoleranz

$$T_s = (u_o - u_u) \cdot \sigma_0 \qquad (14)$$

Statistische Schließmaßtoleranz

$$T_s = 2 \cdot u \cdot \sigma_0 \qquad (15)$$

Statistische Beitragsleister

$$B_{i_{stat}} = \alpha_i^2 \cdot \left[\frac{u_{o_{M0}} - u_{u_{M0}}}{u_{o_i} - u_{u_i}}\right]^2 \cdot \left[\frac{t_i}{T_s}\right]^2 \cdot 100\% \qquad (16)$$

Untere Quantil

$$u_u = \frac{x_u - \mu_0}{\sigma_0} = \frac{USG - C_0}{\sigma_0} \qquad (17)$$

Obere Quantil

$$u_o = \frac{x_o - \mu_0}{\sigma_0} = \frac{OSG - C_0}{\sigma_0} \qquad (18)$$

Direktläuferquote

$$DL = \Phi(u_o) - \Phi(u_u) \qquad (19)$$

Prozessfähigkeitsindex

$$C_p = \frac{T}{6 \cdot \sigma_0} = \frac{OSG - USG}{6 \cdot \sigma_0} \qquad (20)$$

Kleinster Prozessfähigkeitsindex

$$C_{pk} = min.\left\{C_{pk_O}, C_{pk_U}\right\} \qquad (21)$$

$$C_{pk_O} = \frac{OSG - C_0}{3 \cdot \sigma_0} \qquad (22)$$

$$C_{pk_U} = \frac{C_0 - USG}{3 \cdot \sigma_0} \qquad (23)$$

Tabelle 9: Standardisierte Verteilungsarten

Verteilungstyp des Maßkettengliedes	Annahme-wahrschein-lichkeit P_a [%]	Varianz σ^2	Prozess-fähigkeits-index C_p	Quantile u wenn Verteilung sym-metrisch $u_o = -u_u = u$
Rechteck 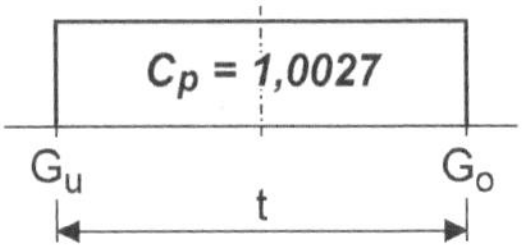 $C_p = 1{,}0027$ G_u G_o t	100	$\frac{t^2}{12}$	1,00(27)	1,7320508
Trapez I [mit 1/2 t] 1/2 t $C_p = 1{,}047$ G_u G_o t 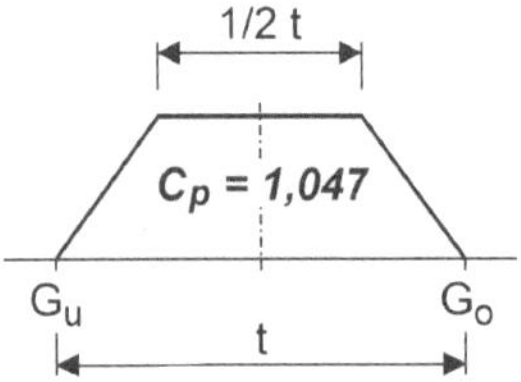	100	$\frac{10}{192} \cdot t^2$	1,04(71)	2,1908902
Trapez II [mit 1/3 t] 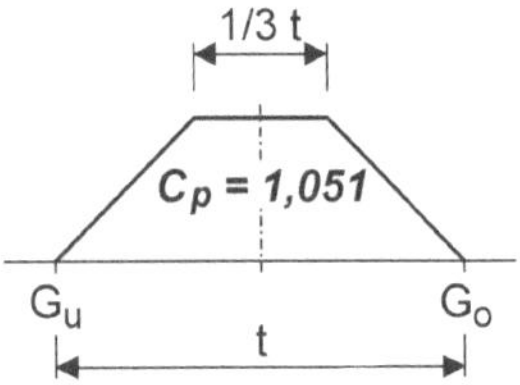 1/3 t $C_p = 1{,}051$ G_u G_o t	100	$\frac{5}{108} \cdot t^2$	1,05(15)	2,3237900
Trapez III [mit 1/5 t] 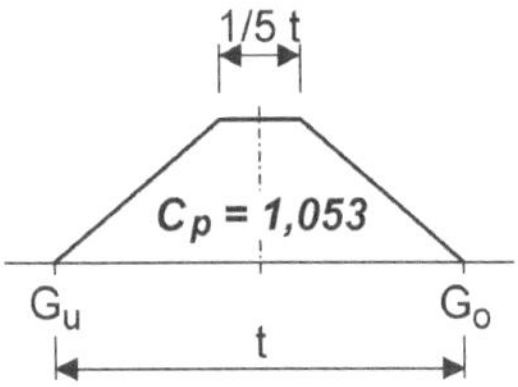 1/5 t $C_p = 1{,}053$ G_u G_o t	100	$\frac{13}{300} \cdot t^2$	1,05(36)	2,4019223

Verteilungstyp des Maßkettengliedes	Annahme-wahrschein-lichkeit P_a [%]	Varianz σ^2	Prozess-fähigkeits-index C_p	Quantile u wenn Verteilung symmetrisch $u_o = -u_u = u$
Dreieck 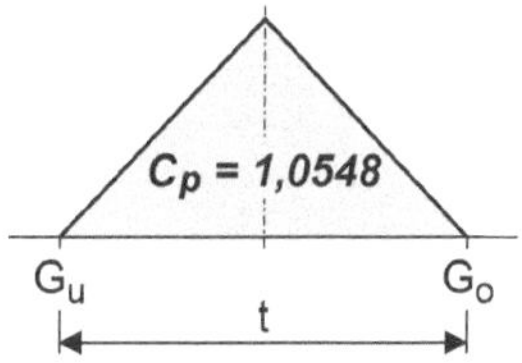 $C_p = 1{,}0548$ G_u G_o t	100	$\frac{t^2}{24}$	1,05(48)	2,4494897
Normal I (C_p = 1,0) 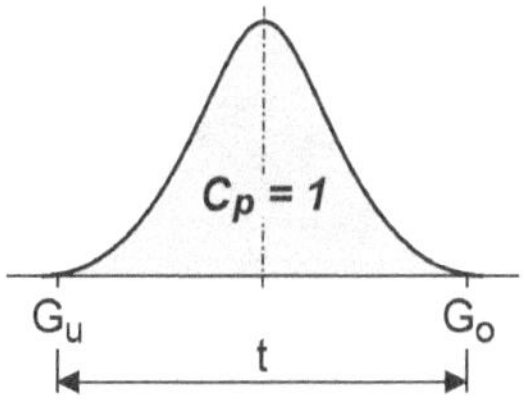 $C_p = 1$ G_u G_o t	99,73002	$\frac{t^2}{36}$	1,00	3,0
Normal II (C_p = 1,33) 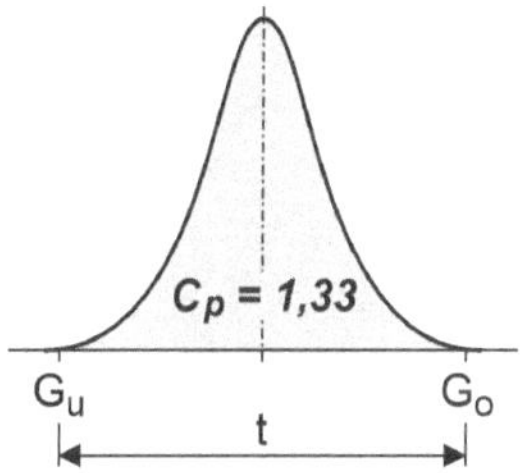 $C_p = 1{,}33$ G_u G_o t	99,993668	$\frac{t^2}{64}$	1,33	4,0

Tabelle 10: Verteilungsfunktion der Standardnormalverteilung

Verteilungsfunktion Φ(u) der Standardnormalverteilung ($\mu = 0$ und $\sigma = 1$) mit einseitiger Abgrenzung nach oben

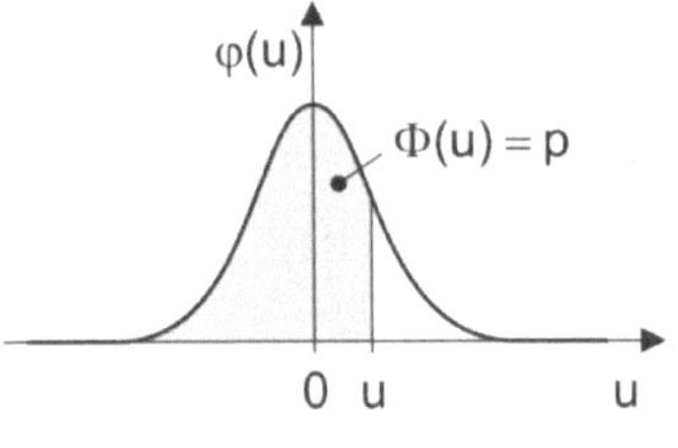

$$\Phi(u) = \frac{1}{\sqrt{2 \cdot \pi}} \cdot \int_{-\infty}^{u} e^{-\frac{1}{2}t^2} dt$$

$$\Phi(u) = 1 - \Phi(-u)$$

p: Wahrscheinlichkeit ($0 < p < 1$)
u: Quantil der standardnormalverteilten Zufallsvariablen U (obere Abgrenzung)

u	Φ(u)	u	Φ (u)	u	Φ(u)	u	Φ(u)
-4,50	0,000003	-2,25	0,012224	0,00	0,500000	2,25	0,987776
-4,45	0,000004	-2,20	0,013903	0,05	0,519939	2,30	0,989276
-4,40	0,000005	-2,15	0,015778	0,10	0,539828	2,35	0,990613
-4,35	0,000007	-2,10	0,017864	0,15	0,559618	2,40	0,991802
-4,30	0,000009	-2,05	0,020182	0,20	0,579260	2,45	0,992857
-4,25	0,000011	-2,00	0,022750	0,25	0,598706	2,50	0,993790
-4,20	0,000013	-1,95	0,025588	0,30	0,617911	2,55	0,994614
-4,15	0,000017	-1,90	0,028716	0,35	0,636831	2,60	0,995339
-4,10	0,000021	-1,85	0,032157	0,40	0,655422	2,65	0,995975
-4,05	0,000026	-1,80	0,035930	0,45	0,673645	2,70	0,996533
-4,00	0,000032	-1,75	0,040059	0,50	0,691462	2,75	0,997020
-3,95	0,000039	-1,70	0,044565	0,55	0,708840	2,80	0,997445
-3,90	0,000048	-1,65	0,049471	0,60	0,725747	2,85	0,997814
-3,85	0,000059	-1,60	0,054799	0,65	0,742154	2,90	0,998134
-3,80	0,000072	-1,55	0,060571	0,70	0,758036	2,95	0,998411
-3,75	0,000088	-1,50	0,066807	0,75	0,773373	3,00	0,998650
-3,70	0,000108	-1,45	0,073529	0,80	0,788145	3,05	0,998856
-3,65	0,000131	-1,40	0,080757	0,85	0,802338	3,10	0,999032
-3,60	0,000159	-1,35	0,088508	0,90	0,815940	3,15	0,999184
-3,55	0,000193	-1,30	0,096801	0,95	0,828944	3,20	0,999313
-3,50	0,000233	-1,25	0,105650	1,00	0,841345	3,25	0,999423
-3,45	0,000280	-1,20	0,115070	1,05	0,853141	3,30	0,999517
-3,40	0,000337	-1,15	0,125072	1,10	0,864334	3,35	0,999596
-3,35	0,000404	-1,10	0,135666	1,15	0,874928	3,40	0,999663

u	Φ(u)	u	Φ (u)	u	Φ(u)	u	Φ(u)
-3,30	0,000483	-1,05	0,146859	1,20	0,884930	3,45	0,999720
-3,25	0,000577	-1,00	0,158655	1,25	0,894350	3,50	0,999767
-3,20	0,000687	-0,95	0,171056	1,30	0,903199	3,55	0,999807
-3,15	0,000816	-0,90	0,184060	1,35	0,911492	3,60	0,999841
-3,10	0,000968	-0,85	0,197662	1,40	0,919243	3,65	0,999869
-3,05	0,001144	-0,80	0,211855	1,45	0,926471	3,70	0,999892
-3,00	0,001350	-0,75	0,226627	1,50	0,933193	3,75	0,999912
-2,95	0,001589	-0,70	0,241964	1,55	0,939429	3,80	0,999928
-2,90	0,001866	-0,65	0,257846	1,60	0,945201	3,85	0,999941
-2,85	0,002186	-0,60	0,274253	1,65	0,950529	3,90	0,999952
-2,80	0,002555	-0,55	0,291160	1,70	0,955435	3,95	0,999961
-2,75	0,002980	-0,50	0,308538	1,75	0,959941	4,00	0,999968
-2,70	0,003467	-0,45	0,326355	1,80	0,964070	4,05	0,999974
-2,65	0,004025	-0,40	0,344578	1,85	0,967843	4,10	0,999979
-2,60	0,004661	-0,35	0,363169	1,90	0,971284	4,15	0,999983
-2,55	0,005386	-0,30	0,382089	1,95	0,974412	4,20	0,999987
-2,50	0,006210	-0,25	0,401294	2,00	0,977250	4,25	0,999989
-2,45	0,007143	-0,20	0,420740	2,05	0,979818	4,30	0,999991
-2,40	0,008198	-0,15	0,440382	2,10	0,982136	4,35	0,999993
-2,35	0,009387	-0,10	0,460172	2,15	0,984222	4,40	0,999995
-2,30	0,010724	-0,05	0,480061	2,20	0,986097	4,45	0,999996

Beispiel: $\Phi(0{,}75) = 0{,}773373$

Tab. 11: Allgemeintoleranzen nach DIN ISO 2768-1

Grenzmaße für Längenmaße (außer für gebrochene Kanten)

Toleranzklasse		Grenzabmaße für Nennmaßbereiche							
Kurz-zeichen	Benennung	von 0,5[1] bis 3	über 3 bis 6	über 6 bis 30	über 30 bis 120	über 120 bis 400	über 400 bis 1000	über 1000 bis 2000	über 2000 bis 4000
f	**fein**	± 0,05	± 0,05	± 0,1	± 0,15	± 0,2	± 0,3	± 0,5	--
m	**mittel**	± 0,1	± 0,1	± 0,2	± 0,3	± 0,5	± 0,8	± 1,2	± 2
c	**grob**	± 0,2	± 0,3	± 0,5	± 0,8	± 1,2	± 2	± 3	± 4
v	**sehr grob**	--	± 0,5	± 1	± 1,5	± 2,5	± 4	± 6	± 8

Werte in [mm]

[1)] Für Nennmaße unter 0,5 [mm] sind die Grenzabmaße direkt an dem (den) entsprechenden Nennmaß(en) anzugeben.